湖南主要乡土树种及种苗彩色图鉴

童方平 曹基武 徐永福 编著

中国林业出版社

图书在版编目（CIP）数据

湖南主要乡土树种及种苗彩色图鉴 / 童方平，曹基武，徐永福主编．——北京：中国林业出版社，2015.8

ISBN 978-7-5038-8105-3

Ⅰ．①湖… Ⅱ．①童… ②曹… ③徐… Ⅲ．①树种—湖南省—图谱②苗木—湖南省—图谱 Ⅳ．① S79-64 ② S723.9-64

中国版本图书馆 CIP 数据核字 (2015) 第 193623 号

编辑委员会

责任编辑：李　伟

出　　版：中国林业出版社（100009　北京西城德内大街刘海胡同 7 号）

网　　址：http://lycb.forestry.gov.cn

电　　话：(010) 83143544

发　　行：中国林业出版社

制　　版：北京捷艺轩彩印制版技术有限公司

印　　刷：北京中科印刷有限公司

版　　次：2015 年 8 月第 1 版

印　　次：2015 年 8 月第 1 次

开　　本：889mm × 1194mm　1/16

印　　张：9

字　　数：260 千字

印　　数：1~1000 册

定　　价：88.00 元

Preface 序

湖南乡土树种数量较多，资源丰富。虽乾坤多易，物换星移，历经千百年的沧桑，全省仍保存许多乡土树种古树名木。我是土生土长的湖南人，对分布我省境内的樟、梓、楠、椆等优良珍贵乡土树种情有独钟。在三十多年的林业工作中，绝大部分时间是从事造林育林、资源培育等技术管理工作，积极提倡和推广优良乡土树种造林。近年来，随着林业建设和城市环境建设的快速发展，人们对乡土树种的认识提高，重视程度加强。只要留心观察，就会发现公园、小区、街道、荒山绿化和林相改造中乡土树种栽植面积越来越大，树木种类越来越多，形成了具有地方特色的森林景观。

湖南发展乡土树种优势明显，潜力巨大。现在，国家已将乡土树种培育作为增加木材战略资源储备来实施。加快乡土树种造林，增加森林生态系统的稳定性和抗御各种自然灾害的能力，是全面提高林地生产力、提升林业发展质量和效益的根本要求，更是增加森林资源储备、增强林业可持续发展能力的战略举措。

发展乡土树种，掌握栽培技术是关键。世界银行贷款湖南森林恢复和发展项目组织湖南省林业科学院有关专家编写了湖南省主要乡土树种系列丛书，对湖南省主要乡土树种营造林关键技术进行了重点阐述，内容深入浅出，图文并茂，通俗易懂，有较强的科学性和可操作性，便于广大林农、林业技术管理人员掌握和运用，对乡土树种栽培有较强的指导作用。余深为欣慰，是为序。

2015 年 5 月

目录 Contents

1. 银杏科 GINKGOACEAE

（1）银杏 *Ginkgo biloba* L.

简要生物学特性

银杏科银杏属落叶乔木，别名白果。树皮灰褐色，深纵裂。幼年及壮年树冠圆锥形，老则广卵形。叶扇形，叶端二分裂或波状。叶在一年生枝上螺旋状散生，在短枝上3~8叶呈簇生状。球花雌雄异株，单性，生于短枝顶端的鳞片状叶的腋内，呈簇生状；雄球花柔荑花序状，下垂；种子核果状，具长梗，下垂，椭圆形，长2.5~3.5cm，熟时黄色或橙黄色，外被白粉；外种皮肉质，中种皮骨质，白色，内种皮膜质。花期3~4月，种子9~10月成熟。

▲ 种子

▲ 叶

▲ 幼苗

地理分布及生境

中生代孑遗稀有树种。我国特产，栽培区甚广，除西藏、青海、黑龙江和海南外，我国其他地区均有栽培或分布。朝鲜、日本、欧洲及美国亦有栽培。喜光，宜湿润且排水良好的深厚砂质壤土，以中性或微酸性土最适宜。深根性，萌芽力强，生长中速。

价值

木材淡黄色，轻软、细致、富弹性，不裂不翘；种子可食，但多食易中毒，药用有润肺、止咳之效；叶入药用于治疗肺虚咳喘、冠心病、心绞痛、高血脂等病症。树姿雄伟，叶形奇特，秋叶金黄，系世界五大行道树之一。

◀ 树形

▼ 树皮

▲ 果枝

▼ 雌花　▼ 雄花

2. 松科 PINACEAE

▲ 种子

（2）黄枝油杉 *Keteleeria calcarea* Cheng et L. K. Fu

简要生物学特性

松科油杉属常绿大乔木，为我国特产珍稀濒危物种。树高达 20m，胸径达 80cm。树皮黑褐色或灰色，纵裂，成片状剥落。一年生枝黄色，老枝淡黄灰色或灰色。冬芽圆球形。叶条形，在侧枝上排列成两列，长 2~3.5cm，宽 3.5~4.5mm，先端钝或微凹。球果圆柱形。花期 3~4 月，果熟期 10~11 月。

▲ 果枝

▼ 林分

▲ 幼树

▲ 树形

▲ 树形

地理分布及生境

产广西东北部至北部、贵州东南部、湖南的南部，多生于海拔560~1100m石灰岩山地钙质土上。分布区狭窄，种子发芽率低，天然更新能力较弱，繁殖速度慢，其种群数量日趋下降，已列入《中国植物红皮书》。幼苗耐侧阴，4~6龄后需充足阳光。

价值

木材较坚硬，纹理直，结构细，是家具和建筑用材的优良树种。树干通直，雄伟挺拔，叶色翠绿，冠形优美，具有极高的观赏价值。

枝叶 ▶

▲ 球果枝

（3）铁坚油杉 *Keteleeria davidiana* (Bertr.) Beissn.

简要生物学特性

松科油杉属常绿乔木，树高达 50m，胸径达 2.5m。树皮暗深灰色，纵裂。树冠宽圆形。幼枝淡黄灰色，老枝灰色至淡褐色。叶条形，长 2~5cm，宽 3~4mm，先端圆钝或微凹，幼树或萌芽枝之叶具刺状尖头。球果圆柱形，长 8~21cm，径 3.5~6cm；中部种鳞卵形或近斜方状卵形，边缘反曲，有细齿。花期 4 月，果期 10 月。

▼ 苞鳞、种鳞和种子

地理分布及生境

产秦岭、大巴山以南，东至东南、西至西南各地。湖南产湘西北、湘西至湘西南，散生于海拔 500~1300m 山地半阴坡。喜光，喜温暖湿润，在酸性及石灰性土壤均能生长。

价值

人工种植生长快，干形好，树形极为优美，为优良园林绿化树种。

▲ 树皮

▲ 树形

▼ 种子

▼ 球果

▼ 容器苗

（4）马尾松 *Pinus massoniana* Lamb.

简要生物学特性

松科松属常绿乔木，树高达40m，胸径达1m。幼树树冠圆锥形，老则广圆形。树皮上部红褐色，下部灰褐色，裂成不规则鳞状块片。1年生枝淡黄褐色。针叶2针1束，长12~20cm，径≤1mm，细柔，树脂道边生。球果卵圆形或圆锥状卵形，长4~7cm，径2.5~4cm，熟时栗褐色；鳞盾微隆起或平，微具横脊，鳞脐微凹，通常无刺；种子长卵圆形，连翅长2~2.7cm。花期4~5月，球果翌年10~12月成熟。

地理分布及生境

产秦岭、淮河流域以南，东起沿海低山丘陵，西至川西大相岭东坡，南达华南南部，台湾有少量分布，生于海拔1000~1500m以下。强阳性，喜温暖湿润气候，喜生于酸性土的山地，耐干旱瘠薄，不耐水涝及盐碱土，为长江流域及以南荒山恢复森林的先锋树种。速生。

价值

木材淡黄褐色，纹理直，结构粗，比重0.39~0.49，有弹性，富树脂，耐腐力弱，可供建筑、枕木、矿柱、家具及木纤维工业原料等用。树干及根部可培养茯苓，树干可供采割松脂。

▼ 林分

▼ 林分（幼龄林）

▼ 球果

▼ 树皮

▼ 一年生苗

▼ 雄球花枝

树形▲

（5）金钱松 *Pseudolarix amabilis* (Neldon) Rehd.

简要生物学特性

松科金钱松属落叶乔木，树高达 40m，胸径达 1.5m。树干通直，树冠圆锥形。具长枝与短枝。树皮灰褐色，鳞状开裂；1 年生枝淡红褐色或淡红黄色，无毛。叶在长枝上螺旋状簇生，短枝上簇生，条形，长 2~5.5cm，宽 1.5~4mm，先端钝尖或尖，绿色，入秋变黄如金钱。球果直立，长 6~7.5cm，径 4~5cm；种鳞木质，熟后脱落；苞鳞短小，不露出；种子上部具翅，种子连翅几与种鳞等长；子叶 4~6，发芽时出土。花期 4~5 月，球果 10~11 月成熟。

地理分布及生境

我国特有，产江苏南部、浙江、安徽南部、福建北部、江西、湖南、湖北利川至四川万县交界地区，生于海拔 100~2000m。现天然林木已稀见，多系人工种植，湘中丘陵区仍有天然种群分布。喜光，喜温暖湿润气候条件和深厚、肥沃、排水良好的酸性土壤，耐寒性不强；深根性，抗风力强，生长中速。

◀ 枝叶

◀ 树皮

▼ 球果枝

▲ 种子

价值

木材黄褐色，纹理直，硬度适中，结构稍粗，较脆，可供建筑、板材、家具、器具及木纤维工业原料等用。树姿优美，秋叶金黄，为世界著名的庭院观赏树种。野生植株为国家二级重点保护植物。

林分（夏季）▶

（6）长苞铁杉 *Tsuga longibracteata* Cheng

简要生物学特性

松科铁杉属常绿乔木，树高达 40m，胸径达 1m 以上。树皮暗灰色，纵裂。1 年生枝干后淡褐色或红褐色，无毛。叶条形，辐射状排列，长 1.1~2.4cm，宽 1~2.5mm，先端尖或微钝，中脉在上面平或近基部微凹，两面均有气孔线。球果直立，圆柱形；种鳞近斜方形，先端圆或宽圆，中上部两侧有凹缺或成耳形；种子三角状扁卵圆形。花期 3 月下旬至 4 月中旬，球果 10 月成熟。

◀ 树形

▼ 幼树

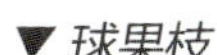

地理分布及生境

产贵州东北、湖南、广东和广西北部、江西南部、福建西部。湖南产宜章、道县、江永、新宁、绥宁、城步、永顺、洞口、新化，生于海拔800~1700m山地。喜温暖湿润的气候和酸性红黄壤、山地黄棕壤。对立地条件要求不严，在山脊陡坡可形成纯林，在山谷土壤深厚、肥沃的立地条件下，可长成巨树，且形成针阔混交林。

价值

木材淡褐色，微红，纹理直，稍粗，较硬，耐水湿，可作各类用材。

▼ 球果枝

▲ 林相

◀ 球果枝

3. 杉科 TAXODIACEAE

（7）杉木 *Cunninghamia Lanceolata* (Lamb.) Hook.

简要生物学特性

杉科杉木属常绿乔木，树高达 30m，胸径达 2.5~3m。大树树冠圆锥形。树皮灰褐色，长条片状剥落。大枝平展，小枝近轮生；叶披针形，长 2~6cm，宽 3~5mm，螺旋状着生，在侧枝上常扭转成二列状。球果近球形或圆卵形，长 2.5~5cm，径 3~4cm；苞鳞大，三角状卵形；种鳞小，膜质；种子扁平具窄翅。花期 4 月，球果 10 月成熟。

林相▶

树皮▼

▲ 苗木

▼ 幼苗

地理分布及生境

产淮河、秦岭以南，东起沿海，西至四川大渡河流域，南至两广中部，西至云南东南部和中部，东部生于海拔 700m 以下，西部生于海拔 1800m 以下，云南生于海拔 2600m 以下。多为人工林，栽培历史悠久，栽培面积大。最适于温暖多雨、风小、雾大、全年相对湿度 80% 以上的气候，以酸性基岩发育的、土层深厚肥沃、疏松湿润酸性黄壤生长最好。速生。

价值

材质优良，纹理直，质轻软细密，干后不翘不裂。易加工，耐腐朽，有香气，白蚁不蛀。为我国南方首要的商品用材。

球果枝▶

▲雄球花枝

种子▼

◀种子和苞鳞

▲ 球果和雄球花枝

（8）柳杉 *Cryptomeria japonica* (L.f.) D.Don var. *sinensis* Miquel

简要生物学特性

杉科柳杉属常绿乔木，树高达40m，胸径达2m以上。树皮红棕色，条状纵裂。小枝细长下垂。叶线状锥形，长1~1.5cm，先端微内弯，幼树及萌发枝上的叶长2~4cm。球果近球形，径1.2~2cm；种鳞20左右，顶端具4~5（7）短三角状裂齿，齿长2~4mm；发育种鳞具2种子，种子近椭圆形，扁平，边缘具窄翅。花期4月，球果当年10~11月成熟。

球果枝 ▼

◀ 雄球花枝

地理分布及生境

产长江以南地区，西至西南，南至华南北部，江西庐山、浙江天目山保存有古老大树，生于海拔1000~1400m以下。天然林木少见，现南方各地栽培。较喜光，特别适生于空气湿度大、夏季较凉爽的海洋性气候或山区生境。浅根性，无明显主根，侧根发达，生长较快。

价值

材质轻软，纹理直，结构细，耐腐力强，易加工，可供建筑、家具及造纸原料等用。供材用。

▼ 树皮

▼ 林分

4.柏科 CUPRESSACEAE

（9）柏木 *Cupressus funebris* Endl.

简要生物学特性

柏科柏属常绿乔木，树高达35m，胸径达2m。树皮淡褐灰色，长条状纵裂。小枝细长下垂，生鳞叶小枝扁平，排成一平面，两面绿色。鳞叶长1~1.5mm，先端锐尖。球果球形，径0.8~1.2cm，熟时暗褐色，种鳞4对，顶端为不规则的三角形或方形，发育种鳞具5~6种子；种子淡褐色，有光泽，径约2.5mm，边缘具窄翅。花期3~5月，球果翌年5~6月成熟。

球果枝▼

树形▼

地理分布及生境

产浙江、福建、江西、湖南、湖北西部、四川、贵州、广东北部、广西北部、云南等省区，以四川、贵州、湘西、鄂西为中心产区，生于海拔 1000~2000m 以下。喜光，中性、微酸性及钙质土上均能生长，尤以在石灰岩山地钙质土上生长良好；耐干旱瘠薄，为石灰岩、紫色砂页岩荒山造林先锋树种。

价值

木材黄褐色，有香气，纹理直，结构细，坚韧耐腐，可供建筑、造船、家具、地板等用。枝叶可提芳香油。枝叶浓密，小枝下垂，树冠优美，可种植于园林观赏。

雄球花枝 ▼

幼树 ▶

▼ 林相

（10）福建柏 *Fokienia hodginsii* (Dunn) Henry et Thomas

简要生物学特性

柏科福建柏属常绿乔木，树高达 20m，胸径达 80cm。树皮紫褐色，浅纵裂。小枝扁平，平展。鳞叶扁宽，长 4~7mm，先端尖或钝尖；鳞叶上面绿色，下面具白色气孔带。雌雄同株，球花单生枝顶。球果近球形，径 2~2.5cm；种鳞木质，盾形；种子卵形，长约 4mm，上部具两个大小不等的薄翅。花期 3~4 月，球果翌年 10~11 月成熟。

◀ 树形

▼ 种子

▼ 苗木

地理分布及生境

产浙江南部、福建、江西、湖南南部、广东北部、贵州、广西、四川、云南，以南岭山脉中山为主要自然分布区，生于海拔 600~1800m。幼树耐阴，适山地温暖多雨潮湿气候，宜生于酸性黄棕壤。

价值

木材黄褐色，略轻，密度 0.45 $g \cdot cm^{-3}$，细致有弹性，芳香耐久，可供建筑、上等家具等用。大枝平展，树姿优美，可植于园林观赏。野生植株为国家一级重点保护植物。

▲ 雄球花枝

▲ 球果枝

▼ 树皮

▼ 幼林

▼ 雄花枝

5. 三尖杉科 CEPHALOTAXACEAE

▼ 种子

（11）三尖杉 *Cephalotaxus fortunei* Hook. f.

▼ 苗木

简要生物学特性

三尖杉科三尖杉属常绿乔木，树高达20m，胸径达40cm。树皮紫色，平滑。小枝下垂。叶条状披针形，微弯，先端渐长尖，基部楔形至宽楔形，下面有两条白粉气孔带，中脉在上面隆起。种子4~8生总梗上，椭圆状卵球形或椭圆球形，成熟时假种皮紫色或红紫色，顶端有小尖头。花期4月，种子8~10月成熟。

地理分布及生境

产秦岭、大别山以南至华南北部，西至西南。湖南山地散见，生于海拔1300m以下山谷湿地林中。宜温暖湿润气候及阴湿生境，甚耐阴。

价值

木材黄褐色，材质致致密，坚实，有弹性。叶、枝、种子、根可提取多种生物碱，对治疗淋巴肉瘤有一定疗效；种子可榨油，供工业用。

▲ 果枝

▲ 树皮

▲ 树形

6. 红豆杉科 TAXACEAE

（12）南方红豆杉

Taxus wallichiana Zucc. var. *mairei* (Lemee et Levl.) L. K. Fu et N. Li

简要生物学特性

红豆杉科红豆杉属常绿乔木。树皮淡灰色，纵裂成长条薄片。叶条形，呈镰形弯曲，长 2.5~3.5cm，宽 3~4mm，下面中脉无乳突或散生乳突。种子倒卵圆形或柱状长卵形，长 7~8mm，通常上部较宽，生于红色肉质杯状假种皮中。花期 3~4 月，种子 10 月成熟。

◀ 树干

▼ 容器苗

地理分布及生境

我国特有，产长江以南，南至华南北部，东迄台湾，西界川黔滇，生于海拔 300~1200m 山地溪边、竹林、阔叶混交林中。越南、缅甸、老挝也有分布。

价值

木材不翘不裂，耐腐力强，纹理致密，刨面花纹美丽，材质坚硬，刀斧难入，为优质硬木，有“千楸万梓八百年杉，不如红榧一枝桠”之称。树形塔状，枝叶稠密浓绿，适应性广，是珍贵的庭院绿化树种。

▲ 雄花枝

▲ 树形

果枝 ▶

果枝▲

（13）香榧 *Torreya grandis* Fort. ex Lindl.

简要生物学特性

红豆杉科榧树属常绿乔木，树高达30m，胸径达1.6m。树皮淡黄灰色或灰褐色，不规则纵裂。叶条形，长1.1~2.5cm，宽2.5~3.5mm。种子卵圆形，长2~4cm，径1.5~2.5cm，熟时假种皮淡紫褐色，有白粉，胚乳微皱。花期4月，种子翌年10月成熟。

地理分布及生境

产华东，西至湖南、贵州。湖南产新化、东安、桃江、古丈、新宁、宁乡等地，生于海拔300~600m以下山地。生长慢，结实年龄可持续到200龄，寿命长。

苗木▲

▲ 树皮

▲ 树冠

▲ 枝叶

◀ 树形

价值

木材黄白色，致密而富弹性，耐久用，为建筑、造船、家具等的优良用材。种子为著名干果，亦可榨取食用油。树冠整齐，枝叶繁密，耐阴性强，可长期保持树冠外形，是优良观赏树木。

7. 木兰科 MAGNOLIACEAE

（14）鹅掌楸 *Liriodendron chinense* (Hemsl.) Sarg.

种子▼

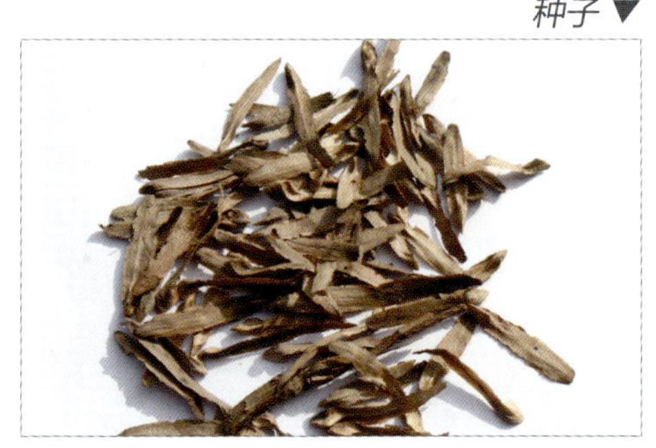

简要生物学特性

木兰科鹅掌楸属落叶乔木，树高达 40 m，胸径达 1 m。叶长 6~14 cm，先端缺裂，两侧各具 1 裂，下面苍白色。花冠杯状，黄绿色有深黄色条纹；雌蕊群伸出雄蕊群之上。聚合果长 7~9 cm，小坚果翅长 2~3cm，翅顶端钝或钝尖。花期 5 月，果期 9~10 月。

花枝▼

林分▼

苗木▼

▲ 树皮

▲ 树形

▲ 果实

地理分布及生境

产陕西、安徽以南，西至四川、云南、南至南岭山地，生于海拔800~2000m山地疏林或林缘，多呈星散分布，也有组成小片纯林。生长快，人工栽培林木，25~30年可成材利用。

价值

木材为上等家具用材。树干端直，叶形奇特，冠幅广，现已广植于园林。可在产区中山上部种植为用材林；低平地种植应选择庇阴地，以避免夏季高温和日灼损伤树皮。种子发芽率低是繁殖的难点。

果枝 ▶

（15）玉兰（白玉兰）*Magnolia denudata* Desr.

▲ 果枝

简要生物学特性

木兰科木兰属落叶乔木，树高达 25 m。叶倒卵形、宽倒卵形或倒卵状长圆形，长 10~15 cm，宽 6~10 cm，下面疏被柔毛。花白色，芳香，先叶开放，径 10~15 cm，花被片 9。聚合果圆柱形，长 10~13 cm，弯弓，蓇葖具喙。花期 3 月，果期 8~9 月。

▼ 树形

地理分布及生境

产秦岭、大别山以南各地，生于海拔1000 m以下山坡疏林中，村宅及寺庙侧旁习见。喜光，对土壤要求不严，萌芽性强，生长快。

价值

材质优良，纹理直，结构细，可供家具、细木工等用。花洁白，早春花开满树，为园林之珍品。花蕾入药代辛夷。花可提取香精。

▼花枝

▼花

▼树形（花期）

▼果实及种子

林分▲

（16）凹叶厚朴

Magnolia officinalis Rehd. et Wils. ssp. *biloba* (Rehd. et Wils.) Law

简要生物学特性

木兰科木兰属落叶乔木，树高达20m。树皮褐色，不开裂。叶大，7~9片聚生于枝端，长圆状倒卵形，近革质，先端圆钝，具短突尖，基部楔形，全缘微波状，侧脉20~30对，下面被灰色柔毛及白粉；叶柄粗壮，长2.5~4cm，托叶痕长为叶柄的2/3。花白色，芳香；花被片9~12（17），厚肉质。聚合果圆柱形或上部较窄，长9~15cm，整齐，蓇葖果两侧略压扁，具喙。种子三角状倒卵形，长约1cm。花期5~6月，果期9~10月。

▼ 花枝

地理分布及生境

我国特有，产秦岭以南多数省区；海拔500~1400m；野生林木已少见，以四川、湖北西部、贵州东部、湖南为主要栽培区。喜光，常栽培于阴湿凉润的山麓和沟谷以及肥厚的酸性黄壤和黄棕壤。

价值

全株入药，栽培以取皮药用为主要目的，具有化湿、平喘、驱风镇痛、化痰之效。叶大阴广，花洁白，可作行道树及园林树种。材质轻，具韧性，不易开裂，可供建筑、家具、雕刻、乐器、细木工等用。野生植株为国家二级保护植物。

▼ 果枝

▼ 种子

▼ 树形

（17）乐昌含笑 *Michelia chapensis* Dandy

简要生物学特性

木兰科含笑属常绿乔木，树高达 30 m，胸径达 1.2m。叶薄革质，倒卵形或长圆状倒卵形，长 6~15cm，宽 3.5~6.5 cm，先端骤短尖或短渐尖，尖头钝，基部楔形，翠绿色，两面光洁无毛，侧脉 9~12 对；叶柄长 1.5~2.5 cm，无托叶痕。花芳香，花被片 6，淡黄色，长约 3 cm。聚合果长约 10 cm，果梗长 2 cm。花期 3~4 月，果期 8~9 月。

地理分布及生境

产江西、湖南、广东、广西，生于海拔 500~1500m 山地林中，有时成小块状分布。越南也有分布。稍耐阴。

价值

木材淡黄色，为优质细木工材。树干端直，树冠开展，较速生，适应性广，花芳香，是优良的园林观赏树种，适宜在城市园林种植，现广为重视并大量引种栽培。

◀ 栽培为行道树

▼ 种子（带种皮）

▼ 种子

▼ 花枝

▼ 果枝

林分 ▼

幼树 ▼

树形 ▼

（18）醉香含笑（火力楠）*Michelia macclurei* Dandy

简要生物学特性

木兰科含笑属常绿乔木，树高达30 m。芽、嫩枝、叶柄、托叶及花梗均被红褐色绢毛。叶革质，倒卵形或倒卵状椭圆形，长7~13 cm，宽4~6 cm，先端短急尖，基部宽楔形，下面被灰色杂有褐色平伏短柔毛，无托叶痕。花白色，花被片9。聚合果长3~7 cm，蓇葖3~10。

▲ 花枝

▼ 林相

苗木▼

地理分布及生境

产广东、广西、海南，生于海拔 800 m 以下，多见于低山丘陵。越南北部也有分布。原适生于南亚热带湿热气候，肥沃湿润的微酸性土壤；现人工栽培扩大至中亚热带，且生长良好。萌芽性强；生长较速，在优良的立地，15~20 年可成材利用；寿命长，可成大材。

价值

木材细致，芳香，花纹美，可供建筑、细木工、室内装饰、工艺品等用。干形直，适应性强，树姿美，是绿化和用材两用的优良树种，又为防火树种。

果枝▼

树干、树皮▼

芽苗▼

种子▼

（19）深山含笑（光叶白兰）*Michelia maudiae* Dunn

简要生物学特性

木兰科含笑属常绿乔木，树高达 20 m。叶长圆状椭圆形，长 7~18cm，先端急尖，基部楔形或宽楔形，上面深绿色，有光泽，下面灰绿色，被白粉；叶柄长 2~3cm，无托叶痕。花白色，芳香，花被片 9。聚合果常扭曲弯拱，长 5~7cm。花期 2~3 月，果期 9~10 月。本种全体无毛，以其芽体、幼枝、叶下面被白粉为其识别要点，易与本属其它种区别。

▼苗木　　树形▶

芽苗▲

果实和种子▲

地理分布及生境

产浙江南部、福建、湖南、广东、广西、贵州，生于海拔600~1500m山地沟谷阔叶林中，有时为建群种形成群落。

价值

木材纹理直，结构细，供各种用途。叶鲜绿，花纯白美丽，已引入园林栽培供观赏，是早春优良的园景和四旁绿化树种。

◀花枝

▼种子

◀果枝

树冠▼

（20）观光木 *Tsoongiodendron odorum* Chun

▲ 花枝

简要生物学特性

木兰科观光木属常绿乔木，树高达 25 m，胸径达 80cm。幼叶在芽中对折，全体均被锈褐色糙状毛。叶革质，椭圆形或长椭圆形，长 10~18 cm，宽 4~8 cm，先端骤尖，基部楔形，托叶痕达中部。蓇葖合生，形成大型近肉质、弯拱聚合果。花期 3~4 月，果期 10~11

▼ 树形　▼ 果枝

月。

地理分布及生境

我国特有种，因纪念中国植物学家钟观光而得名，已列为国家二级保护植物。产福建、江西南部、湖南南部、广东、海南、广西、云南东南部、贵州，以南岭山地为中心产区，生于海拔 300~1000m 山地常绿阔叶林中。湖南产新宁、通道、江华、江永、宜章等地。

价值

木材纹理直，结构细，质轻软，易加工，干燥后少开裂，刨面光滑，供建筑、乐器、家具及细木工用材。花香，树形端直，是优美的庭园观赏及行道树种。

▼种子

林分▶

▼幼苗

8. 樟科 LAURACEAE

（21）猴樟 *Cinnamomum bodinieri* Levl.

▲果枝

简要生物学特性

樟科樟属常绿乔木，树高达 16m。树皮褐色，开裂。小枝无毛。叶互生，薄革质，卵形或椭圆状卵形，长 8~17cm，宽 3~10cm，先端短渐尖，基部圆形，下面被绢毛，呈灰白色，侧脉 4~6 对，脉腋有腺窝。圆锥花序腋生或侧生，二回叉状分歧；花被裂片 6，裂片内面被白色绢毛；果球形，径 7~8mm；果梗长约 6cm，由下至上渐粗。花期 5~6 月，果期 7~8 月。

地理分布及生境

产贵州、四川东部、湖北、湖南西部及云南东北和东南部，生于海拔 300~1500m 湿润石灰岩山地或酸性土壤。稍耐阴。天然更新好，能萌芽更新，生长较快。

价值

材质细密，纹理美丽，质地坚韧，不易产生裂纹，为优良家具用材。植株全体各部可提取芳香油。

◀叶背　　树形▶

树干▲

（22）樟树（香樟）*Cinnamomum camphora* (L.) Presl.

苗木▼

简要生物学特性

樟科樟属常绿大乔木，树高达 30m，胸径达 5m。树皮黄褐色，纵裂。叶互生，薄革质，卵形或卵状椭圆形，长 7~12cm，宽 3~5.5 cm，离基三出脉，脉腋有明显腺窝；叶柄长 2~3cm。圆锥花序腋生，长 3.5~7cm；花黄绿色。果圆球形，径 6~8mm，熟时紫黑色；果托杯状，顶端截平。花期 4~5 月，果期 10~11 月。

▲ 花枝

▲ 果枝

▼ 林相

地理分布及生境

产长江以南各省区，以东南地区及台湾分布最多，习见于海拔 500m 以下平地和丘陵。越南、日本、大洋洲、太平洋诸岛也有分布。不耐寒（耐最低温 –7°C），稍耐阴，宜温暖多雨气候和肥沃深厚酸性至中性红壤，但在贫瘠的红壤荒地也能种植成功。萌芽性强，寿命长。

价值

木材黄褐色，心材色深黄带红，芳香，有光泽，耐腐，细致，纹理美丽，为上等家具、高档建筑等优良用材。树形整齐，树冠开展，枝叶浓绿，广泛种植于江南城市园林。樟树愈伤力极强，截伐后的主干经萌芽能再生。野生植株为国家二级重点保护植物。

树形▶

幼苗▲

树皮▲

种子▲

果实▲

（23）沉水樟 *Cinnamomum micranthum* (Hayata) Hayata

简要生物学特性

樟科樟属常绿乔木，树高达 34m，胸径达 1.8m。干形通直，主干长 10m 以上。树皮坚硬，黑褐色，纵裂。叶互生，近革质，椭圆状长圆形或卵圆形，长 7~12cm，宽 4~6.5 cm，两面无毛，干时正面黄绿色，背面黄褐色，羽状脉 4~5 对，脉腋有腺体；圆锥花序顶生及腋生，花小而少。果椭圆形，果托壶形。花期 7~9 月，果期 10 月。

种子▲

地理分布及生境

产浙江、江西、湖南、福建、广东、广西、台湾北部，生于海拔200~650m山坡、山谷密林中。越南北部也有分布。稍耐阴，宜温暖湿润气候，不耐寒冻，在酸性土壤和石灰岩土壤上均可生长。萌芽性强，根系深，寿命长。

价值

木材纹理通直，结构均匀细致，气味芳香，可作香樟代用材。树干挺拔，分枝点高，树冠开展，枝叶茂密，可作行道树和庭院绿化树种。

▲ 树干

▲ 树形

▼ 苗木

▼ 果枝

（24）刨花楠 *Machilus pauhoi* Kan.

简要生物学特性

樟科润楠属常绿乔木，树高达30m，胸径达80cm。树皮灰褐色，纵裂。小枝干后呈黑色。叶革质，披针形或倒卵状披针形，长7~15cm，宽2~4cm，下面淡绿白色，被贴伏细柔毛，后干多少变黑。果球形，径1~1.2cm，熟时黑色。花期4月，果期7~8月。

地理分布及生境

产长江以南东南各省，生于海拔300~1200m生于山坡及沟谷。耐阴，林下天然更新良好，能萌芽更新。

◀园林绿化

▼苗木

▼果实

▼ 幼树

价值

树冠翠绿，干形通直圆满，可栽培供观赏。心材红褐色，细致，轻软，强度中等，供建筑、家具、胶合板用。木材粉碎可作熏香原料，也可作粘合剂。由于刨花楠人工造林不多，天然资源不断减少，其苗木和木材价格不断攀升。刨花楠不仅是珍贵用材树种，又是优美的庭园观赏树，其开发潜力巨大。

▼ 林相

▼ 花枝

▼ 果枝

▼ 树形

（25）红楠 *Machilus thunbergii* Sieb. et Zucc.

简要生物学特性

樟科润楠属常绿中等乔木，树高达 10~20m，胸径达 1m。树皮黄褐色，粗糙。幼枝光绿而带紫红色。叶硬革质，倒卵形至倒卵状披针形，长 4.5~9cm，宽 1.7~4.5cm，先端短突尖，下面被白粉，侧脉 7~12 对；叶柄长 1~3.5cm，带红色。花序顶生或在新枝上腋生，长 5~11.8cm；果扁球形，径 0.8~1cm，熟时黑紫色，花被裂片常宿存；果梗鲜红色。花期 2 月，果期 7 月。

花枝▲

果枝▼

地理分布及生境

产山东、江苏、浙江、安徽、台湾、福建、江西、湖南、广东、广西，生于海拔 600~1200m 山地阔叶混交林中。日本、朝鲜也有分布。耐阴，喜湿，常生于山地沟谷肥厚湿润的酸性土壤。生长中速，萌芽性强。

价值

边材淡黄色，心材灰褐色，纹理细致，硬度适中，可供建筑、家具、胶合板、雕刻等用。叶可提取芳香油。种子油可制肥皂和润滑油。叶光洁浓绿，果梗鲜红，也可作为庭园观赏树种。

▼苗木

树形▶

▼果枝

（26）闽楠 *Phoebe bournei* (Hemsl.) Yang

简要生物学特性

樟科楠木属常绿乔木，树高达 40m，胸径达 1.5m。树皮黄褐色，块状剥落。叶革质，长 7~14cm，宽 2~4cm，下面被灰白色柔毛，侧脉在上面微凹陷，连网脉在下面明显突起。果椭圆形，熟时蓝黑。花期 4~5 月，果期 10~11 月。

花枝 ▼

林分 ▼

地理分布及生境

产长江以南的东南各省，生于海拔 1000m 以下山地沟谷阔叶林中。耐阴，喜生温暖湿润气候及山麓肥厚腐殖质酸性至中性土壤。天然林木已少见，现各地引种栽培为人工林，生长速度可为天然林木的 1 倍以上，25 年左右可成材。农村院宅常有保育楠木古树的习俗，偶见有参天巨树。

价值

木材黄褐色，芳香、耐腐，细致，花纹美丽，为建筑、高级家具、乐器、美工、胶合板贴面用材。古代用于宫殿柱木及贵族殡葬的棺木。树干通直，树冠尖削（老树开展），枝叶雅致清秀，亦适于庭园种植。野生植株为国家二级保护植物。

◀ 树形

▼ 果枝

▼ 二年生无纺布容器育苗

▼ 果实

▼ 树皮

▼ 种子

（27）桢楠（楠木）*Phoebe zhennan* S.Lee et F.N.Wei

简要生物学特性

樟科楠木属常绿乔木，与闽楠的区别为：小枝有毛，叶背面密被短柔毛，网脉不明显，花序最下分枝较长，长 2.5~4m。花期 4~5 月，果期 9~10 月。

▲ 果枝

▲ 幼苗

◀ 树形

地理分布及生境

产四川、湖北、贵州、湖南龙山。为成都平原习见楠木，系当地之名产。野生植株为国家二级保护植物。

价值

木材坚硬致密，淡黄褐色，有香气，纹理直不翘不裂，耐腐朽，是驰名中外的建筑及高级家具用材。树干高大端直，树冠雄伟，枝叶茂盛，因树姿优美典雅，素有雅楠之称，为优良的园林风景树。在产区园林及寺庙中常见有古木大树。

▼种子　　林分▶

▼苗木

果枝▲

（28）檫木 *Sassafras tzumu* Hemsl.

林分▼

简要生物学特性

樟科檫木属落叶乔木，为湖南传统的樟、梓、柏、楠、椆五大优良用材树种之一。树高达35m，胸径达2.5m。幼树皮黄绿色，老树皮灰褐色，纵裂。叶卵形或倒卵形，长9~16cm，宽5~8cm，2~3裂或全缘，无毛，离基三出脉或羽状脉，落叶时呈黄色或红色；叶柄长3~6cm。花梗和花被裂片密被棕褐色毛。果近球形，径约8mm，熟时由红转为蓝黑，果托盘状；果梗长2cm，由下至上增粗。花期3~4月初，果期6~8月。

地理分布及生境

产长江以南，南至南岭山地南坡，西至四川、贵州、云南；不耐阴，宜温暖、多雨、肥厚湿润酸性红黄壤。速生。

价值

木材淡黄，坚硬致密，纹理美观，耐腐，为建筑、家具良材；树干挺拔，树冠开展，叶形奇特而秋时红艳，具有较高的观赏价值，可用于庭园、公园栽植或用作行道树及营造城郊风景林。

▼花枝

树形▶

▼苗木

▼种子

9. 山茶科 THEACEAE

（29）木荷 *Schima superba* Gaertn. et Champ.

简要生物学特性

山茶科木荷属常绿乔木，树高达 30m，胸径达 1.2m。树皮灰褐色，纵裂。冬芽被白色柔毛。叶革质，卵状椭圆形至长圆形，长 6~15cm，宽 2.5~5cm，先端短尖或渐尖，具疏钝齿，两面无毛；叶柄长 1~2cm。花白色，单朵腋生或成短总状花序；萼片半圆形，边缘有纤毛；花瓣 5，基部连合。蒴果扁球形，径 1.5~2cm，熟时 5 瓣裂，中轴宿存；种子肾形，扁平，长 7mm，周围有翅。花期 3~8 月，果期 9~11 月。

幼苗▼

果实▼

树皮▼

地理分布及生境

产浙江、福建、台湾、江西、湖南、广东、海南、广西、贵州，生于海拔 2100m 以下。喜光，适生于温暖气候和肥沃酸性土壤。

价值

木材浅黄褐色，坚韧细致，密度 0.62g·cm^{-3}，耐用，可供家具、建筑、细木工等用。树冠浓密，不易着火，系营造防火林带的优良树种，亦可植于园林观赏或作行道树。

▲ 林分

▼ 树形

▼ 花

▼ 花枝

▼ 果枝

▼ 果实和种子

10. 杜英科 ELAEOCARPACEAE

（30）秃瓣杜英 *Elaeocarpus glabripetalus* Merr.

简要生物学特性

杜英科杜英属常绿乔木，树高达 20 米。小枝纤细，略具条棱，无毛。叶薄革质，倒卵形或倒披针形，长 4~13cm，宽 2~4cm，两面无毛，先端钝尖，基部窄楔形，下延，侧脉 5~7 对，边缘具波状钝齿；叶柄长 1~1.5cm。总状花序生于枝顶叶腋内，长 4~6cm；花白色，花瓣先端撕裂成 16~18 条；核果椭圆形，长 1~1.5cm。花期 4~5 月，果期 9~10 月。

▲ 种子

◀ 花

▼ 花枝

▲ 栽培为行道树　▲ 枝叶　▲ 果枝

地理分布及生境

产浙江、江西、湖南、华南至西南，生于海拔800m以下沟谷常绿阔叶林中。适应性强，繁殖容易，生长快，病虫害少。

价值

木材纹理通直，结构细致，易加工，不变形，刨面光滑，但材质较轻脆，不耐水湿，易腐，可供建筑、家具、细木工等用。树冠间有红叶，生长快速，适于园林及行道树植。

（31）仿栗 *Sloanea hemsleyana* (Ito) Rehd. et Wils.

简要生物学特性

种子▼

杜英科猴欢喜属常绿乔木，树高达 25m，胸径达 1.3m。叶常簇生枝顶，薄革质，常窄倒卵形或卵形，长 10~15cm，宽 3~7cm，侧脉 7~9 对，两面无毛，边缘具不规则钝齿；叶柄长 1~2.5cm，无毛。总状花序生于枝顶，花下垂；花梗长 2~5.5cm，连萼片被灰白色绒毛；蒴果木质，近球形，熟时黄红色，径 3~5cm，4~5 爿裂，外面密生针刺，刺长 1~2cm，内果皮紫红色或黄褐色；种子椭圆形，亮黑褐色，长约 1.5cm，具黄褐色假种皮。花期 7 月，果期 9~10 月。

栽培为行道树▼

地理分布及生境

产湖南、湖北、江西、四川、云南、贵州及广西，生于海拔1000~1400m。喜阴湿生境，生长较快。

价值

木材浅黄色，材质细致，纹理美丽，可供家具及建筑用材。种子含油脂，出油率约65%，湘西民间供食用。树形端直，秋季硕果累累，可植于园林观赏或作行道树。

▲ 大苗

▼ 果枝

▼ 树形

▼ 花枝

▼ 芽苗

11. 苏木科 CAESALPINIACEAE

（32）翅荚木 *Zenia insignis* Chun

简要生物学特性

苏木科翅荚木属落叶乔木，树高达40m，胸径达1.5m。无顶芽，腋芽具少数芽鳞。树皮灰白带褐色，纵裂。一回奇数羽状复叶，小叶9~11，长圆状披针形，长6~10cm，先端尖或渐尖，下面被白柔毛。花两性，近辐射对称，红色，组成顶生的圆锥花序；萼片、花瓣各5，

覆瓦状排列，花瓣稍长于萼片；雄蕊4（5）。荚果长圆形，红棕色，长10~15cm，翅宽6~10mm，开裂；种子3~8，扁圆形，径5~6mm，棕褐色。花期4~6月，果期9~11月。

地理分布及生境

产湖南西部和南部、广东和广西北部、云南和贵州，生于海拔100~950m。喜光，适生于石灰岩土壤，也可生于酸性红壤和赤红壤上，稍耐干旱瘠薄，但在肥沃湿润土壤生长良好。速生。

1年生苗木▼

树形▼

价值

木材淡黄色，纹理清晰，坚实，不变形，耐腐耐湿，可供家具及板料用材。木纤维长而韧，为优良造纸原料。树冠开展，枝叶浓密，可做阴木和行道树。国家二级重点保护植物。

▼ 种子

▼ 树干

▼ 果枝

▼ 果实

▼ 枝叶

12. 蝶形花科 PAPILIONACEAE

（33）黄檀 *Dalbergia hupeana* Hance

简要生物学特性

蝶形花科黄檀属落叶乔木，树高达 20m，胸径达 40cm。树皮暗灰色，呈薄片状剥落。羽状复叶有具 7~11 小叶，小叶椭圆形至长椭圆形，长 3.5~6cm，宽 2.5~4cm，顶端钝或稍凹，基部圆。圆锥花序顶生或生于小枝上部叶腋，花梗与花萼疏被锈色柔毛；花冠淡黄白色。荚果长圆形，长 4~7cm，宽 8~15mm，顶端急尖，基部渐狭成果颈；种子 1~3，肾形。花期 5~7 月，果期 9~10 月。

◀ 树形

▼ 花枝

▲ 果实

▲ 树皮

▲ 树干

地理分布及生境

产长江流域及其以南地区，河南和山东南部有零星分布。喜光，耐干旱瘠薄，各类土壤皆可生长，为荒山荒地先锋树种。

价值

木材结构均匀，坚韧，致密，具深色条纹，芳香，耐腐耐磨耐冲击，亦能抗虫，可供高级家具、精密仪器、雕刻等上等用。树干通直，树冠开展，秋叶金黄，也可作庭阴树、风景树及行道树。

▼ 果枝

果枝▲

（34）花榈木 *Ormosia henryi* Prain

简要生物学特性

蝶形花科红豆杉属常绿乔木，树高达16m，胸径达40cm。树皮灰绿色，平滑，有浅裂纹。小枝、芽、叶轴、叶下面、花序密被灰黄色绒毛。一回奇数羽状复叶，小叶5~9，革质，椭圆形或长圆状椭圆形，长6~10（17）cm，先端钝或短尖，基部略圆，叶缘微向下反卷。圆锥花序，稀总状花序；花黄白色。荚果长圆形，扁平，长7~12cm，宽2~3.5cm，厚革质，无毛；种子2~7，椭圆形，长8~15mm，红色。花期6~7月，果期10~11月。

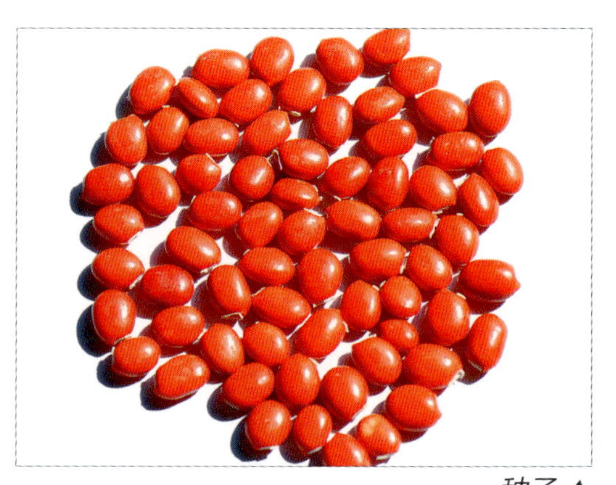

种子▲

地理分布及生境

产安徽、浙江、江西、湖南、湖北、广东、四川、贵州、云南东南部，生于海拔100~1300m。稍耐阴，喜温暖潮湿气候，宜肥沃湿润土壤，生长中速。萌芽性强，寿命长。

▼ 幼果枝

▼ 果实

▼ 花枝

价值

材质坚重，结构细，心材桔红色，干后深栗褐色，纹理美丽，可供细木家具、地板、装饰品等用。树冠开展，枝叶浓密，可植于园林观赏或作行道树。国家二级重点保护植物。

▼ 树皮

▼ 树形

（35）木荚红豆 *Ormosia xylocarpa* Merr. et L. Chen

简要生物学特性

蝶形花科红豆杉属常绿乔木，树高达 20m，胸径达 1.5m。树皮灰至暗灰色，平滑。小枝、芽、叶轴、小叶、花序密均被褐黄色柔毛。奇数羽状复叶，长 8~25cm；小叶 5~7，长圆形或长圆状倒披针形，长 3~14cm，宽 1.3~6cm，边缘微向下反卷；小叶柄长 7~12mm；无托叶。圆锥花序顶生，长约 8~14cm；花冠白色或粉红色；子房密被褐黄色毛。荚果椭圆形或倒卵形，长 5~7cm，厚约 1.5cm，木质，密被锈色柔毛；种子 1~5，横椭圆形或近圆形，微扁，红色，长 1~1.2cm。花期 6~7 月，果期 10~11 月。

果枝 ▼

地理分布及生境

产湖南、江西南部、福建、贵州、华南，生于海拔 300~1200m 湿润常绿阔叶林中。不耐阴，人工育苗一般不需要遮阴。喜土层深厚、肥沃湿润的酸性或微酸性土壤。

价值

心材红褐色，坚实耐磨，纹理美观，有光泽，可供高档家具、高级地板、雕刻等珍贵高档用材。树姿优雅，叶色亮绿，树冠浓密，可作庭园绿化树种。

▲ 果枝

▲ 种子

树形 ▶

（36）槐树（国槐）*Sophora japonica* L.

简要生物学特性

蝶形花科槐属落叶乔木，树高达 25 米，胸径达 1.5cm。树皮灰褐色，块状纵裂。当年生枝绿色。无顶芽，侧芽为叶柄下芽。羽状复叶具 7~17 小叶，小叶纸质，长卵形，长 2.5~6cm，宽 1.5~3cm，先端尖，基部钝圆或宽楔形，稍偏斜，下面灰白色。圆锥花序顶生，长达 30cm；花冠白色或淡黄色。荚果串珠状，长 2.5~8cm，径约 10mm，黄绿色，肉质，含胶质不裂；种子 1~6，卵球形，干后黑褐色。花期 7~8 月，果期 8~10 月。

◀ 树形

▼ 种子

▼ 苗木

▲ 树冠

地理分布及生境

原产中国，现南北各省区广泛栽培，华北和黄土高原地区尤为多见。日本、朝鲜也有分布。欧洲、美洲各国均有引种。适生于冷气候、肥沃湿润的中性土壤，石灰岩山多见。

价值

木材黄褐色，较坚重，富弹性，耐水湿，可供建筑、家具、雕刻等用。枝叶浓密，耐烟尘，为优良的城市和厂区绿化树种。种仁含淀粉，可供酿酒或作糊料、饲料。

▼ 花枝

▼ 花

▼ 果枝

▼ 果实

13. 金缕梅科 HAMAMELIDACEAE

（37）枫香 *Liquidambar formosana* Hance

简要生物学特性

金缕梅科枫香树属落叶乔木，树高达 35m，胸径达 2m。树皮灰褐色，方块状开裂。叶薄革质，阔卵形，长 8~12cm，宽 10~14cm，掌状 3 裂，先端渐尖，基部心形，边缘有锯齿，掌状脉 3~5，两面网脉明显可见；叶柄长 5~11cm。雄花为短穗状花序，常多个排成总状；雌花序具花 20~40，雌蕊花柱细长，萼齿 4~7，针形。头状果序球形，径 3~4cm，宿存花柱及萼齿针刺状；种子多数，褐色，能育种子具短翅。花期 3 月，果期 10 月。

林分（秋季）▼

▼大苗

▼果实

▼叶子

▼树皮

地理分布及生境

产秦岭、淮河以南，北起河南、江苏，东到台湾，西迄川、滇、藏，南达海南，生于海拔600m以下，海南达1000m，云南达1660m。喜光，宜生于肥沃湿润土壤，天然传播更新力强，速生。

价值

木材红褐色或浅红褐色，结构细，易加工，但不耐水湿，易腐烂，可供建筑、家具、包装箱用材。根、叶和果实入药，具祛风除湿，通络活血功效。秋叶红艳，为著名的秋色叶树种。

▲果枝

▼林分（夏季）

14. 杜仲科 EUCOMMIACEAE

（38）杜仲 *Eucommia ulmoides* Oliv.

简要生物学特性

杜仲科杜仲属落叶乔木，树高达 20m，胸径达 50cm。树冠圆球形；树皮深灰色。枝具片状髓。树体各部折断均具白色胶丝。单叶互生，椭圆形，长 6~18cm，宽 3~7.5cm，两面网脉明显，有锯齿。花单性，雌雄异株，无花被。翅果扁平，长椭圆形，周围有翅，顶端微凹。花期 3~4 月，果期 8~10 月。

◀树皮

幼苗▼

地理分布及生境

中国特有，产秦岭、淮河以南至南岭以北，东至华东、西至云贵高原，现各地广泛栽种，以华中为中心分布区，生于海拔 300~1300m，西部可达海拔 2500m。宜温暖湿润气候，能耐 -20°C 的低温；喜光，宜肥沃湿润酸性、中性土壤，石灰山地也宜生长。深根性，萌芽力强，生长中速。

价值

木材材质坚韧，纹理细腻。树皮入药，已开发为强壮保健中成药；杜仲胶为海底电缆及电工绝缘材料。

▲ 雌花枝

▲ 雄花枝

▲ 果实示白色胶丝

▲ 果枝

▼ 树形

▼ 林相（春季）

15. 杨柳科 SALICACEAE

（39）响叶杨 *Populus adenopoda* Maxim.

简要生物学特性

杨柳科杨属落叶乔木，树高达30米。树皮灰白色，光滑，老时深灰色，纵裂。小枝被柔毛，老枝无毛。芽圆有黏液，无毛。叶卵形或卵状圆形，长5~15cm，宽4~7cm，先端长渐尖，基部截形或圆形，边缘有内曲圆锯齿，下面幼被柔毛，后渐脱落；叶柄侧扁，被毛，长2~8cm，顶端有2显著腺体。雄花序长6~10cm；花序轴有毛；苞片条裂，有长缘毛。果序长12~20cm；蒴果卵状长椭圆形，无毛，有短柄，2瓣裂。花期3~4月，果期4~5月。

▲ 雄花

▲ 果序和种毛

果枝 ▶

▲ 林分

▼ 雄花

地理分布及生境

产秦岭、淮河以南至华中、华东南部，西达西南地区，生于低山山坡空旷地、次生林、林缘及采伐迹地。喜光，适温凉湿润气候，不耐严寒，根蘖性强，速生。

价值

木材白色，心材微红，干燥后易开裂，可供建筑、造纸等用。也可作为山地造林和四旁绿化树种。

16. 桦木科 BETULACEAE

（40）光皮桦 *Betula luminifera* H. Minkl.

简要生物学特性

桦木科桦木属落叶乔木，树高达 25m。叶长卵形至卵形，长 4.5~10cm，宽 2.5~6cm，顶端渐尖或尾尖，基部圆形至宽楔形，边缘具不规则重锯齿，上面幼时密被短柔毛，下面密生红褐色腺点，侧脉 12~14 对；叶柄长 1~2cm，密被短柔毛及腺点。雄花序 2~5 簇生于小枝顶端或单生小枝上部叶腋。果序多单生，长圆柱形，长 3~9cm；序梗长 1~2cm，下垂；果苞长 2~3mm，侧裂片小。小坚果倒卵形，长约 2mm，果翅宽为小坚果的 1~2 倍。花期 3~4 月，果期 5~6 月。

◀ 幼苗

雄花枝 ▼

▼果枝

地理分布及生境

产秦岭以南，南至华南北部，生于海拔 500~2500m 阳坡次生混交林中。喜温暖湿润气候及肥沃酸性砂壤土，耐干旱瘠薄。

价值

材质细致坚韧，富有弹性，耐冲击，切面光滑，不翘不裂，可供高等家具用材。树皮、嫩枝含芳香油，供化妆品、食品香料用。速生，材质优，病虫害少，可作在产区造林树种，营造纯林或与杉木等营造混交林。

▼树形

▼苗木

▼树皮

▼种子

17. 壳斗科 FAGACEAE

（41）红锥（刺栲）*Castanopsis hystrix* (Miq.)

简要生物学特性

壳斗科栲属常绿乔木，树高达 30m，胸径达 1m。树皮暗褐色，薄块状脱落。幼枝密被短柔毛，后无毛。叶纸质或薄革质，卵状披针形，长 5~12cm，先端长渐尖，全缘或上部疏生锯齿，下面被黄棕色、红棕色或银灰色蜡鳞层。花序轴被毛。果序长达 15cm；壳斗小，球形，径 2.5~4cm，4 瓣裂，刺长 6~13mm，基部合生，刺轴密生满布，壳斗内具坚果 1；坚果宽圆锥形，径 0.8~1.5cm，无毛，果脐与坚果基部等大或稍大。花期 4~5 月，果期翌年 9~10 月。

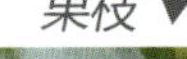

果枝▼

树形▼

地理分布及生境

产湖南南部及西南部、福建西南部、广东、海南、广西、贵州、云南、西藏。在湖南生长于海拔600m以下低山沟谷林中。中等耐阴，宜中等肥厚湿润酸性黄红壤，萌芽力强，天然更新旺盛。速生，种植15~20年可成材利用。

价值

木材红褐色，木质坚重，纹理直，耐腐，有光泽，易加工，为珍贵商品用材。种仁含淀粉，可食用。

树干 树皮▶

▼种子

▼叶背面

▼1年生苗木

▼叶正面

（42）栲树 *Castanopsis fargesii* Franch.

简要生物学特性

壳斗科栲属常绿乔木，树高达30m，胸径达80cm。树皮浅灰色，不裂或浅裂。芽、幼枝及叶下面被红褐色粉状腊鳞。叶长椭圆状披针形，长8~13cm，宽2.5~4cm，长渐尖，全缘或偶有1~3钝锯齿，侧脉纤细，12~14对。果序长12~18cm；壳斗球形，径1.5~3cm，刺长0.6~1.6cm，基部合生成束，排成轮环，外壳可见，不规则开裂，具1坚果；坚果卵球形，径0.8~1.2cm。果期10~11月。

地理分布及生境

中国特有，产长江以南，主产中亚热带，南至华南，西达西南，东至台湾，生于海拔200~2100m。喜阴湿环境，生山谷阴坡，可形成纯林。

价值

木材淡黄色，质地略轻软，不耐腐，经干燥处理后利用。树干可培养香菇。种仁可食或酿酒。

▼ 树干

▼ 树冠　　树形 ▶

▲林相 ▲果实 ▲果枝

雄花▲

（43）黧蒴栲 *Castanopsis fissa* (Champ. ex Benth.) Rehd. et Wils.

种子▼

简要生物学特性

壳斗科栲属常绿乔木，树高达 20m，胸径达 50cm。树皮灰褐色。芽、幼枝、幼叶下面及壳斗被红褐色粉状蜡鳞层及黄褐色柔毛，后渐落。叶厚纸质，长椭圆形或倒卵状长椭圆形，长 16~25cm，先端钝尖，基部楔形，具钝锯齿或波状齿，侧脉 16~20 对。果序长 7~17cm；壳斗球形或椭圆形，全包坚果，偶有仅包大部分，径 1.2~2cm，壁薄，成熟时开裂，小苞片鳞状，排成 4~6 同心环，具 1 坚果；坚果卵球形，径 1~1.8cm。花期 4~5 月，果期 10~11 月。

▼ 果实

▲ 树干、树皮

▲ 果枝

地理分布及生境

产福建、江西、湖南、贵州、四川、广东、海南、香港、广西、云南东南部，生于海拔1600m以下。喜光，适应性强，对土壤要求不严，常形成天然纯林。速生。

价值

木材淡黄色，质地较轻软，结构细致，易加工，不耐腐，可供家具、建筑、板料用材。坚果炒熟可食。

▼ 雄花枝

（44）钩栲（钩栗）*Castanopsis tibetana* Hance

简要生物学特性

壳斗栗属属常绿乔木，树高达 30m，胸径达 1.5m。老树皮灰褐色，纵剥裂。叶大，革质，椭圆形或长椭圆形，长 15~25cm，宽 5~10cm，边缘中部以上具粗齿，下面红褐色、淡棕色或银灰色，侧脉 13~18 对；叶柄长 1.5~3cm。果序长 10~20cm，无毛；壳斗球形，径 6~8cm，壳斗壁厚，密被刺，刺长 1.5~2.5cm，束生，熟时 4 瓣裂，具 1 坚果；坚果宽圆锥形，径 2~2.8cm，被毛，果脐与坚果基部等大。花期 4~5 月，果期翌年 9~10 月。

果实和种子▼

果实▼

雄花枝▲

果枝▲

林分▲

地理分布及生境

中国特有，产浙江、安徽南部、湖北西南部、江西、福建、湖南、广东、广西、贵州、云南东南部，生于海拔1500m以下。耐阴，生长慢，寿命长，适生湿润肥厚土壤。

价值

木材红褐色，材质坚重，耐水湿，可供建筑、家具、木地板用材。

树干▶

雄花枝▲

（45）赤皮青冈 *Cyclobalanopsis gilva* (Bl.) Oerst.

简要生物学特性

壳斗科青冈属常绿乔木，树高达 30m，胸径达 1m。树皮暗褐色。小枝、叶柄、叶下面、花序轴、苞片、壳斗壁密被黄褐色或灰黄色星状绒毛。叶革质，倒披针形或倒卵状长椭圆形，长 6~12cm，宽 2~3.5cm，先端渐尖，基部楔形，中部以上具芒状锯齿，侧脉 11~18 对，叶柄长 1~1.5cm。壳斗碗形，高 6~8mm，具 6~7 环带，环带全缘；果卵状圆柱形，高 1.5~2cm，顶端被微柔毛。花期 5 月，果期 10 月。

地理分布及生境

产台湾、浙江、福建、湖南、广东、贵州，生于海拔200~1500m。适应强，能在丘陵酸性红壤和石灰岩发育的钙质土壤上生长。

价值

木材红褐色，纹理直，坚韧，密度0.85~0.91g·m^{-3}，为优良硬木，商品材称红椆。

树干、树皮、树冠▲

▼种子

▼幼苗

▼果枝

▼树形

（46）青冈栎 *Cyclobalanopsis glauca* (Thunb.) Oerst.

简要生物学特性

壳斗科青冈属常绿乔木，树高达 20m，胸径达 1m。树皮薄，通常平滑，不开裂。小枝无毛。叶革质，长椭圆形或倒卵状椭圆形，长 6~13cm，中部以上具疏锯齿，下面被平伏灰白色柔毛，兼被灰白色蜡粉，侧脉 9~13 对。果序长 1.5~3cm；壳斗碗形，包坚果 1/3~1/2，高 6~8mm，具 5~6 环带；坚果卵形或椭圆形，高 1~1.6cm，无毛；果脐凸起。花期 3~4 月，果期 10 月。

种子▲

▼林相

地理分布及生境

产陕西、甘肃、江苏、安徽、浙江、江西、福建、台湾、河南、湖北、湖南、广东、广西、四川、贵州、云南、西藏等省区生于海拔 1000（东部）~2600m（西南）以下。

中等耐阴，生态幅度广，酸性基岩至碱性基岩均可生长，在石灰岩山地可形成纯林。萌芽力强，天然更新旺盛，生长中速。

价值

木材灰红褐色，坚重，密度 0.89g·cm^{-3}，为优良椆木，可供家具、建筑等用。

▼果枝

树形▶

▼果实

▼雄花枝

（47）麻栎 *Quercus acutissima* Carr.

简要生物学特性

壳斗科栎属落叶乔木，树高达 30m，胸径达 1m。树皮暗褐色，深纵裂。叶纸质，长椭圆状披针形，长 8~19cm，宽 3~5cm，先端渐尖，具芒状锯齿，老叶两面无毛或仅脉腋有毛，侧脉 13~18 对，直达齿端；叶柄长 1~3（5）cm。雄花序长 6~12cm，雌花序具 1~3 花。壳斗杯状，果径 1.5~2cm，包坚果约 1/2，小苞片锥形，伸展反曲，被灰白色绒毛；坚果卵球形或椭圆球形，高 1.7~2.2cm，顶端圆形，果脐隆起。花期 3~4 月，果期翌年 9~10 月。

壳斗和种子▲

▼树形

地理分布及生境

产辽宁、河北、山西、山东、江苏、安徽、浙江、江西、福建、河南、湖北、湖南、广东、海南、广西、四川、贵州、云南等省区，生于海拔 60~2500m。耐干寒，耐湿热，喜光，酸性土或石灰岩土均可生长；萌芽力强，深根性，抗风，为荒山瘠地造林先锋树种，但在肥沃土壤上才能快速成材。

价值

木材红褐色，密度 $0.86g \cdot cm^{-3}$，材质坚硬，有弹性，耐腐，可供家具、地板、建筑等用。木屑可培养香菇。

树干▲

果枝▲

树皮▲

林相▶

18. 榆科 ULMACEAE

（48）青檀 *Pteroceltis tatarinowii* Maxim.

简要生物学特性

榆科青檀属落叶乔木，树高达 20m，胸径达 1m。树皮灰色或深灰色，不规则长片状剥落。叶纸质，宽卵形至长卵形，长 3~10cm，宽 2~5cm，先端渐尖至突尖，基部偏斜，宽楔形至近圆形，上面幼时被短硬毛，后脱落；叶柄长 5~15mm，被短柔毛。翅果状坚果近球形，直径 1~1.7cm，翅近方形或近圆形，下端截形或浅心形，顶端有凹缺；果梗纤细，长 1~2cm，被短柔毛。花期 3~5 月，果期 7~8 月。

树形 ▼

◀ 果枝

▲ 林相

地理分布及生境

中国特有，产辽宁（蛇岛）以南至华南及西南，常生于石灰岩山地，也能生长于花岗岩山溪。喜光，耐干旱瘠薄，萌芽性强。

价值

茎皮纤维为制造驰名中外的书画用宣纸的主要原料；木材坚实，致密，韧性强，耐磨损，可供家具、细木工用材。青檀寿命长，耐修剪，可作盆景观赏树种，也可作石灰岩山地的造林树种。

树干、树皮 ▶

(49) 榔榆 *Ulmus parvifolia* Jacq.

简要生物学特性

榆科榆属落叶乔木，树高达25m，胸径达1m。树皮灰褐色，不规则鳞状剥落，露出红褐色内皮。小枝深褐色，密被柔毛。叶窄椭圆形或卵形，长1.5~5.5cm，宽1~3cm，基部偏斜，边缘具整齐单锯齿，萌发枝的叶具重锯齿，侧脉10~15对；叶柄长2~6mm。花秋季开放，3~6花簇生当年生枝叶腋，花被下部管状，4裂至花被基部或近基部。翅果椭圆形或卵形，长10~13mm；果核部分位于翅果中上部，上端接近缺口。花期9月，果期10月。

◀ 树形

▼ 种子

▼ 树皮

▲ 果枝

▲ 果实

▲ 树干

地理分布及生境

产河北、山东、江苏、安徽、浙江、福建、台湾、江西、广东、广西、湖南、湖北、贵州、四川、陕西、河南苏州等省区。日本、朝鲜也有分布。喜光，适应性强，耐干旱瘠薄，适生山坡、平原及溪边，酸性、中性、钙质土多种生境。

价值

材质坚韧，纹理直，耐水湿，可供家具、器具、装饰等用。树形优美，姿态潇洒，枝叶细密，为优良园林绿化树种。因抗性较强，也可选作厂矿区绿化树种。

秋季叶▲

（50）大叶榉树 *Zelkova schneideriana* Hand.-Mazz.

简要生物学特性

榆科榉树属落叶乔木，树高达 30m，胸径达 1m。树皮褐色。小枝灰色，密被灰色柔毛。叶卵形、椭圆状卵形，长 3.6~10（12）cm，宽 1.3~3.5（5）cm，背面密淡被灰柔毛，锯齿钝尖；叶柄长 1~4mm，密被毛。坚果扁卵形，上部歪斜，无翅，径 2.5~4mm。花期 3~4 月，果期 10~11 月。

种子▶

▲ 树形

▲ 幼林

▲ 苗木

▲ 果枝

▲ 树干

地理分布及生境

产淮河流域、长江中下游及其以南地区，湖南各地散见。喜光，喜温暖湿润气候及肥沃的酸性、中性、钙质土，深根性。

价值

木材带紫红色，光泽美丽，强韧硬重，耐水湿，为室内装修、家具及木地板等高级用材。树姿端庄，秋叶变成褐红色，是观赏秋叶的优良树种，美国、韩国和日本作为重要的行道树。适应性强，抗风力强，耐烟尘，是城乡绿化和营造防风林的好树种。因木材特优，易罹砍伐，野生植株已列为国家二级重点保护植物。

（51）光叶榉树 *Zelkova serrata* (Thunb.) Makino

简要生物学特性

榆科榉树属落叶乔木，树高达30m，胸径达1m。树皮褐色，片块剥落。小枝紫褐色或棕褐色，无毛或疏短柔毛。叶纸质，大小相差大，卵形、椭圆状卵形或卵状披针形，长3~9cm，先端尖或渐尖，基部近心形，锯齿尖锐，背面无毛或沿脉疏生柔毛，网脉明显，侧脉8~14对；叶柄长2~5mm。核果几无梗，扁卵形，径约4mm，具网肋。花期4月，果期9~10月。与榉树的区别在于小枝紫褐色或棕褐色，叶背面无毛或沿脉疏生柔毛，锯齿尖锐。

地理分布及生境

产辽宁、陕西、甘肃、山东、江苏、安徽、浙江、江西、福建、台湾、河南、湖北、湖南和广东，欧美各国多有引种，生于海拔300~1900m。习性同榉树。

价值

木材色泽和重量稍逊于榉树，用途同榉树。

树形（秋季）▶

花枝▼

花枝（叶背）▼

19. 芸香科 RUTACEAE

（52）椿叶花椒 *Zanthoxylum ailanthoides* Sieb. et Zucc.

简要生物学特性

芸香科花椒属落叶乔木，树高达 18m，胸径达 30cm。茎干具有鼓钉状锐刺。当年生枝的髓部大，常空心。花序轴及小枝顶部常散生短直刺。一回奇数羽状复叶，小叶 11~27，对生，狭长披针形，长 7~20cm，宽 2~6cm，先端长渐尖，基部圆，边缘具浅钝锯齿，下面灰绿色或被灰白色粉霜，侧脉 11~16 对。伞房状圆锥花序顶生，花小而多；花瓣淡黄白色，长约 2.5mm。果梗长 1~3mm；分果瓣淡红褐色，干后淡灰或棕灰色，径约 4.5mm，油点多；种子径约 4mm。花期 8~9 月，果期 10~12 月。

树形 

果枝 

地理分布及生境

产华中、华东南部以南，至华南、西南，南岭山地为生态适宜中心，生于海拔 300~1500m。喜光，耐干旱、瘠薄，宜温暖湿润生境，极速生。

价值

木材黄色，纹理直，结构细，材质轻软，不开裂，易加工，可供家具、胶合板、造纸原料等用。树干通直，枝叶浓密，可庭院观赏和绿化。

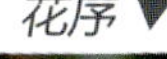

花序 ▼

果序及果实 ▼

树干下部树皮 ▼

花枝 ▼

20. 苦木科 SIMARUBACEAE

（53）臭椿 *Ailanthus altissima* (Mill.) Swingle

简要生物学特性

苦木科臭椿属落叶乔木，树高达 30m，胸径达 1m 以上。树皮灰色至灰黑色，浅裂或不裂。小枝粗壮，黄褐色或红褐色。无顶芽。一回奇数羽状复叶，具 13~25 小叶，小叶卵状披针形，先端渐尖，基部具腺齿 1~2 对，中上部全缘。圆锥花序顶生，花小，黄绿色。翅果扁平，纺锥形，长 3~5cm，熟时淡褐色或灰黄褐色。花期 4~5 月，果熟期 9~10 月。

◀树干　　果实和种子▼

花序▲

▼苗木

▼果枝

▼花枝

▼树形

地理分布及生境

产东北南部、华北、西北、中南、华东、西南，南至广东、广西。多生于地山、丘陵、平原疏林中或荒地。喜阳，耐寒亦耐热，耐干旱瘠薄，但不耐水涝。速生。

价值

木材黄白色，纹理通直，有光泽，质地轻，有韧性，硬度适中，有弹性，不易翘裂，易加工，不耐腐。木纤维质优良，是上等造纸原料。对有毒气体抗性强，如二氧化硫、二氧化氮、硝酸雾、乙炔、粉尘等，适用于工矿区绿化。

21. 楝科 MELIACEAE

（54）苦楝 *Melia azedarach* L.

◀果实和种子

简要生物学特性

楝科楝属落叶乔木，树高达 20m。树冠宽阔而平顶，枝条广展。树皮灰褐色，纵裂。小枝有叶痕。二至三回羽状复叶，长 20~40cm，小叶卵形、椭圆形至披针形，长 3cm~7cm，宽 2cm~3cm，基部多少偏斜，边缘具钝锯齿。腋生圆锥状聚伞花序与叶等长；花瓣，淡紫色；雄蕊管紫色；核果椭圆形或近球形，长 1~2cm，4~5 室；种子椭圆形。花期 4~5 月，果期 10~11 月。

果枝（秋季）▼

花▼

花枝 ▼

地理分布及生境

产河北、山西、陕西南部及甘肃东南部，东至台湾，西至四川、云南，南至海南，多生于低山、丘陵平原地区，以长江以南生长最好。喜光、宜肥沃湿润条件，但能耐干瘠，在低湿地、酸性土至轻盐碱土上均可生长，抗烟尘及二氧化硫。

价值

木材轻软，结构细，耐腐，弹性好，芳香，可供家具、建筑、乐器等用。根、茎皮及果有毒，药用于驱除蛔虫、蛲虫。

◀ 树干　　树形 ▼

幼林▲

(55) 红椿 *Toona ciliata* Roem.

果枝▼

简要生物学特性

楝科香椿属半常绿大乔木，树高达35m，胸径达1m。树皮灰褐色，纵裂。小枝初被毛，后渐脱落。一回偶数羽状复叶，长20~50cm，具14~16小叶，小叶长椭圆形至椭圆披针形，长6~16cm，先端渐尖，全缘，基部常歪斜，下面脉腋具粗绳毛。圆锥花序，顶生，花白色或粉红色；花盘及子房密被粗毛。蒴果长椭圆状卵形，长2~3.5cm，熟时开裂；种子两端具薄翅，翅长1.5~2.2cm。花期3~4月，果期10~11月。

果实▼

地理分布及生境

中国特有，产云南、广东、广西、贵州、海南、湖南、福建等地，多生于海拔 300~800m 的低山缓坡谷地阔叶林中。喜光，宜温热气候及深厚、肥沃、湿润、排水良好的酸性土。萌芽性强，种子繁殖易。速生。

价值

木材红褐色，有光泽，纹理美丽，芳香，可防蛀虫，耐腐性好，可供高档家具、装饰用材。农家四旁多种植，亦作行道树。野生植株为国家二级重点保护植物。

树形▼

4 年生测定林▼

树皮▼

苗木▼

（56）香椿 *Toona sinensis* (A. Juss.) Roem.

简要生物学特性

楝科香椿属落叶乔木，树高达20m。树皮呈灰褐色，纵裂。一回偶数羽状复叶，长25~50cm，揉碎有香气，具12~20小叶，小叶卵状披针形或卵状长椭圆形，长8~15cm，先端尖，基部圆形，不对称，全缘或具疏生钝齿，无毛。幼叶红色，成年叶绿色。花白色；花盘及子房无毛。蒴果椭圆形，长2~4cm；种子上部有翅，连翅长8~15mm，红褐色。花期6月，过去10~11月。

◀ 树形

▼ 花枝

地理分布及生境

除东北、西北外，全国各地均产，多栽植于房前屋后，为农村常见树种。朝鲜也有分布。喜光、较耐寒，能在钙质土、酸性土及中性土上生长，但在土层深厚、肥沃、湿润的砂壤土上生长迅速。

价值

木材红褐色，纹理细致，有光泽，抗腐力强，属优良用材，有“中国桃花心木”之称。嫩芽可食用，味鲜美。树干通直，树冠开展，枝叶茂密，可作园林及四旁绿化树。

▲ 幼叶

▼ 种子 ▼ 叶 ▼ 果实（成熟）

▼ 树皮 ▼ 苗木 ▼ 果实（未成熟）

22. 无患子科 SAPINDACEAE

树皮 ▼

种子 ▼

（57）复羽叶栾树 *Koelreuteria bipinnata* Franch.

果枝 ▼

简要生物学特性

无患子科栾树属落叶乔木，树高达 20m。二回羽状复叶，长 60~70cm，羽片 5~10 对，每羽片具小叶 9~17；小叶斜卵形，长 3.5~7cm，边缘具粗锯齿，下面密被柔毛。大型圆锥花序，长 40~65cm，开展；花黄色；花瓣 4，线状披针形，具爪；雄蕊 8。蒴果椭圆状卵形，具 3 棱，形如灯笼泡，顶端浑圆而具小凸尖，熟时紫红色；种子球形，黑褐色，径约 5mm。花期 7 月，果期 9~10 月。

地理分布及生境

产云南、贵州、四川、湖北、湖南、广西、广东等省区，生于海拔 400~2500m。喜光，适应强，速生。

价值

木材淡黄色，强度适中，易加工，可供家具、包装箱用材；树冠开展，花序大，花黄色，秋果紫红如灯笼状，常栽培于庭园供观赏或作行道树。

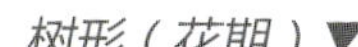
树形（花期）▼

▼花

▼花枝

▼苗木

花枝▲

（58）无患子 *Sapindus saponaria* L.

果枝▼

简要生物学特性

无患子科无患子属落叶大乔木，树高达24m。树皮灰褐色，光滑。一回羽状复叶，长25~45cm；小叶5~8对，互生或近对生，叶片薄纸质，卵状披针形或长圆状披针形，长7~15cm，宽2~5cm，基部扁楔形，两面光绿无毛，网脉清晰。圆锥花序顶生及侧生；花小，花瓣5，具长爪，长约2.5mm，鳞片2，小耳状。肉质核果，径约2.5cm，橙黄色，干时变黑。种子近球形，光滑。花期5~7月，果期10~11月。

▼ 树形

地理分布及生境

产长江以南，南至华南、西南，多见于低山丘陵、石灰岩山地，农村村宅旁习见。日本、朝鲜有分布；喜马拉雅地区、中南半岛也有分布。稍耐阴，喜温暖气候，在酸性土、钙质土上均能生长。

价值

边材黄白色，心材黄褐色，防虫蛀，可供家具、装修、地板、木梳、雕刻、工艺品等用。果皮内含皂素，为优良的生物洗涤剂及化工原料。树冠开展，羽叶光绿，可植为行道和观赏树，也可作水土保持造林绿化树种。

种子 ▼

苗木 ▼

23. 漆树科 ANACARDIACEAE

（59）南酸枣 *Choerospondias axillaris* (Roxb.) Burtt. et Hill

树干▼

简要生物学特性

漆树科南酸枣属落叶乔木，树高达25m，胸径达1m以上。树皮灰褐色，片状剥落。一回奇数羽状复叶，互生，小叶7~15，对生，长椭圆形，先端长渐尖，基部偏斜，小叶柄长2~5mm，侧脉8~10对，两面突起。聚伞状圆锥花序，花紫红色；花瓣具暗褐色平行脉纹，花时外卷；雌花单生于上部叶腋。核果肉质，椭圆形，长2.5~3cm，熟时黄色，果核骨质，顶部具5个小孔。花期4月，果期8~10月。

地理分布及生境

产西藏、云南、贵州、广西、广东、湖南、湖北、江西、福建、浙江、安徽，生于海拔300~2000m。喜光，速生，适应性强，宜中等肥沃湿润土壤，是产区内速生用材树种。

价值

木材纹理直，易加工；果可生食或加工成干片，味酸甜。

▲ 果实

▲ 果枝

▲ 种子

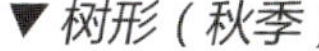

▲ 花枝

▼ 大苗

▼ 树形（秋季）

24. 胡桃科 JUGLANDACEAE

（60）青钱柳 *Cyclocarya paliurus* (Batal.) Iljinsk.

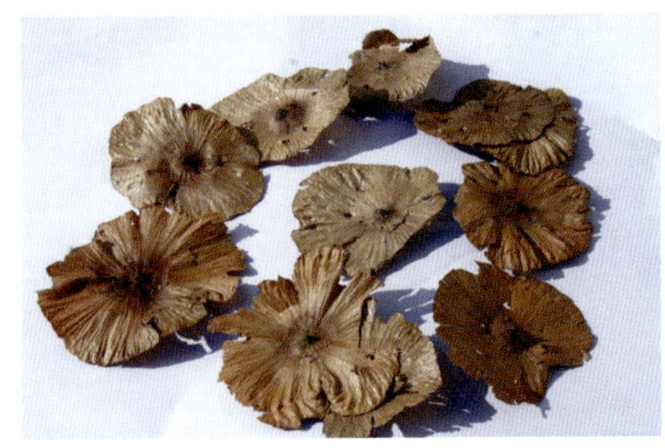
果实▲

简要生物学特性

胡桃科青钱柳属落叶乔木，高 20m，胸径达 80cm。裸芽，枝具片状髓。奇数羽状复叶，叶轴无翅，小叶具锯齿，长 3~14cm。雌雄花均成下垂柔荑花序，雄花序 2~4 集生去年生枝叶腋；坚果具圆盘状翅。花期 4~5 月，果期 9~10 月。

苗木▼

树形▼

▲ 树干和叶子

▲ 花枝

▲ 幼叶

▲ 果枝

▲ 种子

地理分布及生境

我国特有，产长江以南，南至华南，东达台湾，西至西南。生于海拔 400~2500m，喜水湿，喜光，生于溪边、沟谷。

价值

木材细致，可做家具、箱板等；树皮可作栲胶及造纸原料；嫩叶可代茶；果形如串钱，迎风摇曳，亦可作园林绿化树种。

25. 蓝果树科 NYSSACEAE

（61）喜树 *Camptotheca acuminata* Decne.

种子▼

简要生物学特性

蓝果树科喜树属落叶乔木，树高达 30m，胸径达 50cm。树皮灰白色。小枝髓心片状分隔。叶纸质，长圆状卵形或椭圆形，长 12~28cm，宽 6~12cm，全缘，下面疏被柔毛，脉上更密；叶柄长 1.5~3cm，带红色。头状花序近球形，径 1.5~3cm，常数个组成圆锥花序，顶生花序具雌花，腋生花序具雄花。头状果序，径 5~7cm，翅果长圆形，长 2~2.5cm，顶端具宿存的花盘，两侧具窄翅。花期 5~7 月，果期 9~11 月。

林分▼

幼树▼

▼ 树形

地理分布及生境

中国特有，产江苏南部、浙江、福建、江西、湖北、湖南、四川、贵州、广东、广西、云南等省区，生于海拔 1000m 以下。喜光，萌芽性强；喜温暖湿润气候；宜湿润冲积土、平地砂壤土、河滩沙土。速生。

价值

木材轻软，不耐腐，易加工，可供包装箱、造纸原料等用。全株含喜树碱，对肿瘤细胞有杀伤功效。干形端直，秋叶红艳，可作四旁和行道树种植。野生植株为国家二级重点保护植物。

▼ 果枝

▼ 果实和种子

▼ 花枝

▼ 花序

26. 五加科 ARALIACEAE

（62）刺楸 *Kalopanax pictus* (Thunb.) Nakai

幼苗▼

果枝▼

果实▼

树形（花期）▼

简要生物学特性

五加科刺楸属落叶乔木，树高达 30m，胸径达 1m。树干及枝上具鼓钉状刺。树皮灰黑褐色，纵裂。小枝粗，具扁皮刺。叶近圆形，径 9~25cm，5~7 掌状分裂；叶柄细，长 8~30cm。伞形花序径约 1.5cm；花小，白色或淡绿色。浆果蓝黑色，径约 5mm。花期 7~8 月，果期 9~10 月。

地理分布及生境

产东北南部以南，除高寒和干旱区域外，全国南北各地均有分布，生于海拔 1200m 以下。日本、朝鲜也有分布。喜湿润肥沃的酸性或中性土壤，适应性强，在阳坡、干旱瘠薄的条件亦能生长。

价值

木材致密，纹理细，有光泽，易加工，可供家具、乐器、雕刻、建筑等用。树干端直，少分枝，速生，适于用材林经营。

树形 ▶

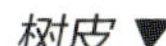

树皮 ▼

27. 柿树科 EBENACEAE

（63）君迁子 *Diospyros lotus* L.

苗木 ▼

▼花

简要生物学特性

柿树科柿树属落叶乔木，树高达30m，胸径达1.3m。树皮暗褐色，深裂或成不规则块状剥落。叶椭圆形至长圆形，长5~13cm，宽2.5~6cm，下面绿色或粉绿色，被长柔毛；叶柄长0.6~1.5cm，被毛。花淡黄色或红色，簇生叶腋；花萼钟形，密生柔毛，4深裂，裂片卵形。浆果长圆形或近球形，径1~2cm，熟时蓝黑色，被白霜。花期5~6，果熟期10~11月。

地理分布及生境

产辽宁、华北、甘肃、陕西、华东、华中、西南，以北方为多。亚洲西部、小亚细亚、欧洲南部也有分布。喜光，抗寒能力强，耐瘠薄土壤，生长较快，寿命较长。

价值

木材质硬，纹理美丽，耐磨损，可供精美家具、文具、建筑等用。成熟果实可食，亦可制成柿饼。未熟果实可提制柿漆，供医药和涂料用。树干通直，生长较快，材质致密坚重，为优良用材树种，也可供园林绿化。

▼种子

▼树形

▼果枝

28. 安息香科 STYRACACEAE

（64）西藏山茉莉 *Huodendron tibeticum* (Anth.) Rehd.

简要生物学特性

安息香科山茉莉属常绿乔木，树高达 20m，胸径达 60cm，树皮光滑。叶纸质。伞房状圆锥花序，花白色，花瓣在花蕾时镊合状排列，花后反卷；果为蒴果，卵圆形，长 3 ~5mm，果梗弯曲，常 20~30 个果着生枝顶，花期 5 月，果实成熟期为 10~11 月。

◀ 树形

果枝 ▼

地理分布及生境

产广西西部、云南西北部、贵州南部和西藏东南部。湖南产新宁、绥宁、沅陵、通道、东安、溆浦等地，生于海拔1000m以下湿润的沟谷阔叶林中，少见。幼树较耐阴。

价值

木材坚硬，淡黄色，结构细密，为建筑、装饰、雕刻优良用材。树干光滑，栗褐色，极具观赏价值，可作园林观赏树。

▼ 树皮

▼ 花

▼ 花枝

▼ 林分

花枝▲

（65）陀螺果 *Melliodendron xylocarpum* Hand.-Mazz.

简要生物学特性

安息香科陀螺果属落叶乔木，树高达 25m。冬芽具鳞片。小枝红褐色，芽被柔毛。叶纸质，长 10~20 cm，宽 4~8 cm；花粉色，花冠钟形；果皮密被灰黄色星状绒毛，具 5~10 棱脊；大形核果，木质，坚硬；种子椭圆形、扁平。花期 4~5 月，果期 8~10 月。

花▼

地理分布及生境

产湖南南部至华南、西南各省区，生于海拔 500~1700m 的山谷水边疏林中。喜光，速生，星散分布，在混交林中居上层。

价值

木材轻软，不耐腐，为家具、细木工用材。果形似陀螺，可作园林观赏树种种植。

果枝 ▼

幼苗 ▼

树皮和小枝 ▼

果实 ▼

参考文献 References

1. 《中国树木志》编委会．中国主要树种造林技术．北京：中国林业出版社，1981.
2. 北京林学院．木材学．北京：中国林业出版社，1982.
3. 成俊卿．木材学．中国林业出版社，1985.
4. 《福建植物志》编写组．福建植物志 (1 ~ 4 册). 福州：福建科学技术出版社，1982：414.
5. 傅立国．中国植物红皮书．北京：科学出版社，1991.
6. 郭善基．中国果树志・银杏卷．北京：中国林业出版社，1991.
7. 胡芳名，谭晓凤．中国主要经济树种栽培与利用．北京：中国林业出版社，2001.
8. 胡玉熹．三尖杉生物学．北京：科学出版社，1999，95 ~ 118.
9. 湖南森林编辑委员会．湖南森林．长沙：湖南科学技术出版社，1984.
10. 梁立兴．中国银杏．济南：山东科学技术出版社，1988.
11. 楼炉焕．观赏树木学．北京：中国农业出版社，2000：428 ~ 430.
12. 祁承经，林亲众．湖南树木志．长沙：湖南科学技术出版社，2000.
13. 祁承经，喻勋林．湖南种子植物总览．长沙：湖南科学技术出版社，2002.
14. 祁承经，汤庚国．树木学（南方本）．北京：中国林业出版社，2005.
15. 丘小军，王宏志．中国南方生态园林树种．南宁：广西科学技术出版社，2006.
16. 任宪威．树木学 (北方本). 北京：中国林业出版社，1997：430 ~ 431.
17. 沈国舫．森林培育学．北京：中国林业出版社，2001.
18. 王景祥．浙江植物志（第二卷）．杭州：浙江科学技术出版社，1992.
19. 吴中伦．杉木．北京：中国林业出版社，1984.
20. 尹思慈．木材学．北京：中国林业出版社，1996.
21. 余本付．安徽省乡土树种造林技术．北京：中国林业出版社，2007.
22. 余新妥．杉木栽培学．福州：福建科学技术出版社，1997.
23. 曾建飞．中国植物志 (第 22 卷). 北京：科学出版社，1998.
24. 郑万钧．中国树木志 (第二卷). 北京：中国林业出版社，1985.
25. 郑万钧．中国树木志 (第四卷). 北京：中国林业出版社，2004，4128 ~ 4129.
26. 中国科学院植物研究所．中国高等植物图鉴（第一册）．北京：科学出版社，1972.
27. 《中国植物志》编辑委员会．中国植物志（第 7 卷）科学出版社，1978.
28. 《中国植物志》编辑委员会．中国植物志．北京：科学出版社，1982.
29. 《中国树木志》编辑委员会．中国树木志 (第一卷). 北京：中国林业出版社，1983.
30. 周家骏，高林．优良阔叶树种造林技术．杭州：浙江科学技术出版社，1985.
31. 朱积余，廖培来．广西名优经济树种．北京：中国林业出版社，2006.